BEI GRIN MACHT SICH IHR WISSEN BEZAHLT

- Wir veröffentlichen Ihre Hausarbeit, Bachelor- und Masterarbeit

- Ihr eigenes eBook und Buch - weltweit in allen wichtigen Shops

- Verdienen Sie an jedem Verkauf

Jetzt bei www.GRIN.com hochladen und kostenlos publizieren

Nils Grund

Massenverlagerungen an Schichtstufenhängen

GRIN Verlag

<u>Belegarbeit zum Thema:</u>

Massenverlagerungen an Schichtstufenhängen

Nils Grund

Mittelseminar Regionale Physische Geographie

Sommersemester 2006

Abgabedatum: 17.07.2006

Inhaltsverzeichnis

1. Einleitung

Die Belegarbeit beschäftigt sich mit der Problematik von Massenverlagerungen an Schichtstufenhängen in Mitteleuropa. Nach der Schilderung von allgemeinen Gesichtspunkten zur Massenverlagerungs- und Schichtstufenthematik wird anschließend insbesondere auf die Faktoren eingegangen, welche Massenverlagerungsprozesse an Schichtstufen begünstigen und hervorrufen.

Von wenigen Ausnahmen abgesehen basieren die Erläuterungen zu der Thematik dieser Arbeit auf Ergebnissen der Untersuchungen von Prof. Dr. K.-H. SCHMIDT und Dr. I. BEYER im Thüringer Becken.

Zur Veranschaulichung vervollständigen Abbildungen und Graphiken die Belegarbeit.

2. Aufbau und Begrifflichkeiten einer Schichtstufe

Für die Bildung von Schichtstufenlandschaften sind insbesondere zwei Merkmale von Bedeutung. Eine notwendige Voraussetzung für die Entwicklung einer Schichtstufe ist eine Wechselfolge von abtragungsresistenterem Gestein und erosionsanfälligerem Gestein. Die Schichtlagerung ist leicht geneigt. Abtragungswiderständiges Gesteine sind insbesondere Kalkstein und Sandstein, abtragungsanfälligeres Gesteine vor allem Mergel und Tongesteine.

Abb. 2.1:　　Elemente der Schichtstufenlandschaft

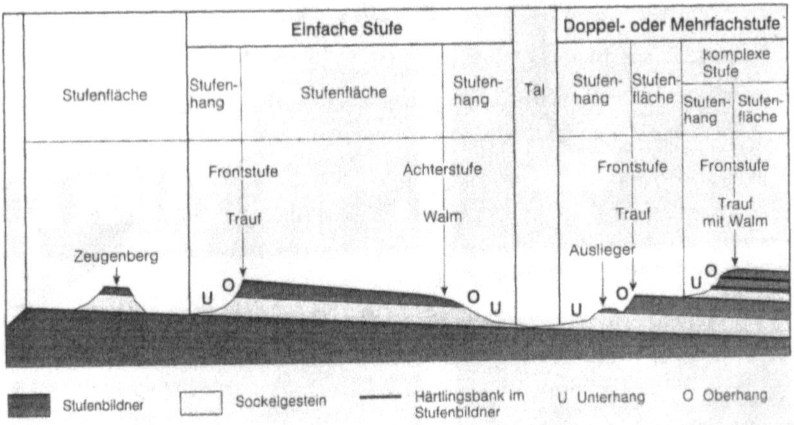

Quelle: BEYER / SCHMIDT 2003, S. 84

An einer Schichtstufe selbst lassen sich vor allem folgende wichtige Elemente differenzieren: der Trauf, der First, der Walm, die Stufenfläche und der Stufenhang (BLUME 1971, S. 10ff).

Der Trauf lässt sich als die Oberkante des Steilabfalls beschreiben. Der First bildet den höchsten Punkt der Schichtstufe. Beide sind aber nur selten miteinander identisch (KUGLER / SCHAUB 2002, S. 222). Der Walm stellt den Abschnitt des Stufenhangs zwischen First und Trauf dar (BLUME 1971, S. 14).

Die Stufenfläche bildet die Dachfläche einer Schichtstufe (LESER 2001, S. 847).

Der Stufenhang unterteilt sich in einen Ober- und einen Unterhang. Während der Oberhang das verwitterungsresistentere Gestein umfasst, wird der untere Stufenhang durch das weniger resistentere Gesteinsmaterial geprägt.

Stellt der Trauf gleichzeitig den höchsten Punkt einer Schichtstufe dar, wird die Schichtstufe als Trauf-Schichtstufe bezeichnet. Fehlt der Trauf spricht man von einer Walm-Schichtstufe. Sind die Elemente Trauf, Walm und First gleichermaßen an einer Schichtstufe ausgebildet definiert man dies als Trauf-Schichtstufe mit Walm (LESER 2001, S. 744).

Vor Schichtstufen können sogenannte Zeugenberge liegen. Sie stellen Abtragungsreste des ehemals weiter ausgedehnten Schichtstufenkomplexes dar (BEYER / SCHMIDT 2003, S. 84).

3. Hauptsächliche Verbreitungsgebiete von Schichtstufen in Deutschland

Als wichtige Gebiete mit einem ausgeprägten Schichtstufenvorkommen lassen sich das Südwestdeutsche Schichtstufenland, zusammengesetzt aus Schwäbischer und Fränkischer Alb, die Randbereiche des Thüringer Beckens und das Weserbergland benennen. Zudem treten Schichtstufenlandschaften vermehrt ebenso im Münsterländer Kreidebecken und im Pfälzerwald auf (BEYER / SCHMIDT 2003, S. 85).

4. Massenverlagerungen

4.1. Definition Massenverlagerung

Massenverlagerung ist ein Sammelbegriff für Massenbewegungen im Zusammenhang mit Massentransporten.

Zu Massenbewegungen zählen sämtliche Materialbewegungen von stürzendem, gleitendem und rutschendem Boden-, Hangschutt- bzw. Gesteinsmaterial an Hängen unter dem Einfluss der Schwerkraft (LESER 2001, S. 496f).

4.2. Generelle Ursachen für das Auftreten von Massenverlagerungen

Als Ursache für ein generelles Auftreten von Massenverlagerungen, und demnach auch für Massenverlagerungsprozesse an Schichtstufenhängen geltend, kann man auf Veränderungen des Gleichgewichts von rückhaltenden und angreifenden Kräften in einem Hangsystem verweisen. Dabei wird zwischen Scherfestigkeit und Scherspannung unterschieden.

Scherfestigkeit bezeichnet die rückhaltend wirkenden Kräfte, beispielsweise in Form von Reibung oder Kohäsion. Synonym kann ebenso vom Scherwiderstand gesprochen werden.

Als Scherspannungen werden die Material angreifenden Kräfte definiert. Dazu zählen die Schwerkraft, die Gewichtskraft des Materials und Oberflächenlasten.

Der Quotient aus Scherwiderstand und Scherspannung gibt Aufschluss über die Hangstabilität. Es vergrößert sich die Wahrscheinlichkeit des Eintretens von Massenverlagerungsprozessen je größer die Scherspannung und desto kleiner die Scherfestigkeit an einem Hangsystem wird (BEYER 2002, S. 3).

Das Auftreten von Massenverlagerungen wird jedoch nicht nur durch das Verhältnis von Scherwiderstand und Scherspannung am Hangabschnitt hervorgerufen, sondern erst durch das Einwirken anderer Faktoren ermöglicht (TERHORST 1997, S. 18).

Oft treten diese in Kombination miteinander und in komplexen Wirkungsbeziehungen untereinander auf, und beeinflussen somit die Erosionsanfälligkeit von Hangmaterial an Schichtstufen. Dazu gehören das Klima mit Niederschlag und Temperatur, die Morphologie der Schichtstufe mit ihrer Höhe, Neigung und Form, die Geologie der Schichtstufe mit den Gesteinsarten, deren Lagerung und die Tektonik, die vorherrschende Vegetation, die Hydrogeologie (z. B. die Gegebenheit der Wasserwegsamkeit), sowie der Zeitfaktor (BEYER 2002, S. 4).

Oftmals stellen auch anthropogene Eingriffe in den entsprechenden Landschaftskomplex einen Einfluss auf Massenverlagerungen dar, wodurch die Scherfestigkeit der Hänge herabgesetzt wird. Zudem können seismische Aktivitäten Massenverlagerungen begünstigen (TERHORST 1997, S. 18).

Die auf das Hangsystem einwirkenden Faktoren werden zum einen in permanent (langfristig) wirkende Faktoren, zum anderen in episodisch (kurzzeitig wirkende Faktoren unterschieden.

Zu episodisch wirkenden Kräften werden Starkniederschläge und lang anhaltende Niederschläge, sowie anthropogene Aktivitäten und Erdbebentätigkeiten gerechnet (BEYER 2002, S. 4)

Permanent wirkende Einflüsse können auch als dispositive Faktoren bezeichnet werden. Diese sind nicht unmittelbar Auslöser für das Einsetzen von Massenverlagerungen, vielmehr bereiten jene Massenverlagerungen langfristig und indirekt vor (BEYER / SCHMIDT 1999, S. 75).

Hierunter fallen die lithologischen Eigenschaften der Schichtstufe, die Erosion und die Schwerkraft, das Klima, insbesondere die Niederschlaghöhe und –verteilung. (BEYER 2002, S. 5), sowie morphometrische Steuerungsfaktoren (BEYER / SCHMIDT 1999, S. 75).

5. Untergliederung eines Massenverlagerungsgebietes

Den vergesellschafteten Formenschatz eines Massenverlagerungsgebietes kann man sowohl in horizontaler, als auch in vertikaler Lage betrachten.

In diesem Punkt soll die vertikale Untergliederung eines Massenverlagerungsgebietes genauer geschildert werden.

Im Vertikalschnitt weisen die jeweiligen Massenverlagerungskörper eine staffelartige Anordnung auf. Dabei können einzelne Formtypen in Kombination miteinander vorkommen. Es müssen jedoch nicht alle möglichen Formtypen immer und überall auftreten (BEYER 2002, S. 67).

Es wird in drei Zonen am Hang unterschieden: 1. das Abrissgebiet,

2. die Mittlere Bewegungszone,

3. der Massenverlagerungsfuß.

Das Abrissgebiet kennzeichnet den Bereich des Oberhanges. Charakteristisch sind für Abrissgebiete die steilen Abrisswände. Die Bodenbildung fehlt in diesem Gebiet vollständig oder ist nur eingeschränkt möglich. Augrund dessen fehlt an Abrisswänden meistens Vegetation. Im Abrissgebiet treten Spalten, Absatzschollen und Mauerschollen in Erscheinung. Zudem können Schollenstümpfe als Relikte von Sturzfließungen vorkommen, sofern Felsstürze eine Rolle bei den bisherigen Massenverlagerungsprozessen am Hang gespielt haben.

Die Mittlere Bewegungszone umfasst den unteren Oberhang und den Grenzbereich von Stufensockel/Stufenbildner. Hier treten die bereits weiterverlagerten Gesteinsmassen auf. In ihrer Ausprägung sind das Wall- und Rückenschollen. Vegetationsbewuchs ist wieder möglich.

Die Massenverlagerungsstirn befindet sich am Unterhang. Hier sind Fußschollen anzutreffen. Zudem können Aufschiebungen von Schuttmaterial des stufensockelbildenden Gesteins vorkommen, welche durch talwärts bewegte Schollen aus mittleren Hangabschnitten und einer damit verbundenen Auspressung des Stufensockelmaterials zu erklären sind. Zu besonders großflächigen und markanten Aufschiebungen im unteren Hangbereich kommt es, wenn Sturzfließungen an oberen Hangpartien in Erscheinung traten (BEYER 2002, S. 68f).

Abb. 5.1:   Unterteilung eines Massenverlagerungsgebietes nach
              KLENGEL & PASEK (1974)

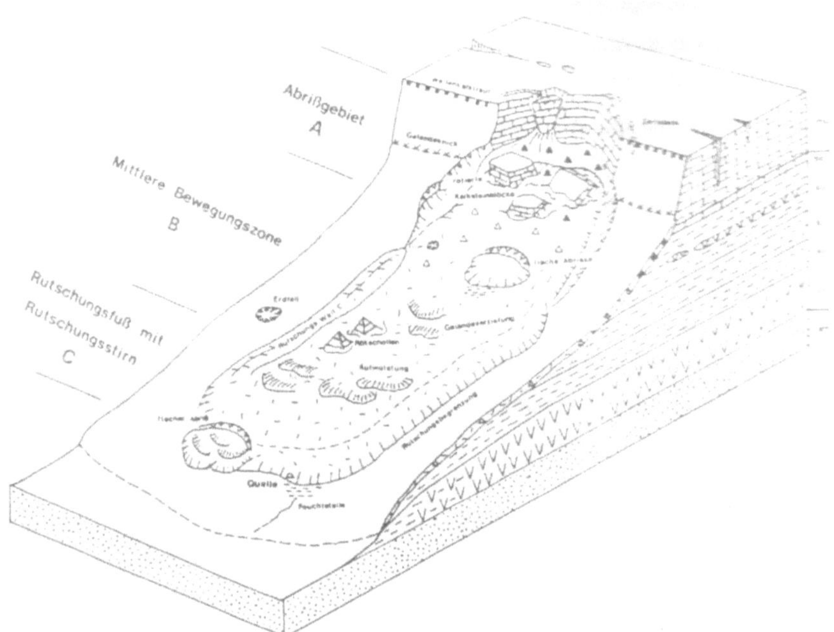

Quelle: BEYER 2002, S. 68.

6. Verlagerungsmechanismen bei Massenverlagerungsvorgängen an Schichtstufen

Massenverlagerungsprozesse lassen sich in verschiedene Bewegungsarten unterscheiden. Eine internationale Massenverlagerungsklassifizierung gelang im Jahr 1993 der UNESCO Working Party For World Landside Inventory (BEYER 2002, S. 6). Nach dieser lassen sich Massenbewegungen in Sturzbewegungen, Kippbewegungen, Gleitbewegungen, Driftbewegungen und Fließbewegungen, sowie deren Kombinationen untereinander differenzieren (BEYER / SCHMIDT 1999, S. 72). Synonym kann man bei Gleitbewegungen auch von Rutschbewegungen, bei Driftbewegungen ebenso von Fließbewegungen sprechen. Nach JOHNSEN und KLENGEL können Gleit- und Driftbewegungen summiert ebenso als Blockverlagerung bezeichnet werden. (BEYER 2002 S. 61f). Die Grundbewegungstypen sind hierbei das

Driften, das Kippen und das Gleiten in Form der Rotation und Translation. Zudem können komplex-interne Bewegungsarten unterschieden werden (BEYER / SCHMIDT 1999, S. 72).

Rotation bezeichnet die Drehung eines Körpers um eine eigene, feste Achse. Mit Translation wird ein geradlinig fortschreitender Bewegungstyp beschrieben (WISSENSCHAFTLICHER RAT DER DUDENREDAKTION 1997, S. 717 und S. 821).

Entsprechend der Tiefenlage der Gleitfläche auf denen Blockversätze ablaufen, stellen Blockverlagerungen tiefe bis sehr tiefe Massenverlagerungen dar (BEYER 2002, S. 62). Dabei bewegen sich die verlagernden Blöcke des Stufenbildners auf der plastifizierten Gleitunterlage des Stufensockels. Die Geschwindigkeit des Bewegungsvorgangs ist geringfügig; im Jahr wird ein zu verlagernder Gesteinsblock in der Regel nur wenige Millimeter talwärts versetzt. Nach JOHNSEN kann man diesen Vorgang der Blockverlagerung auch als Tiefkriechen bezeichnen (BEYER / SCHMIDT 1999, S. 72).

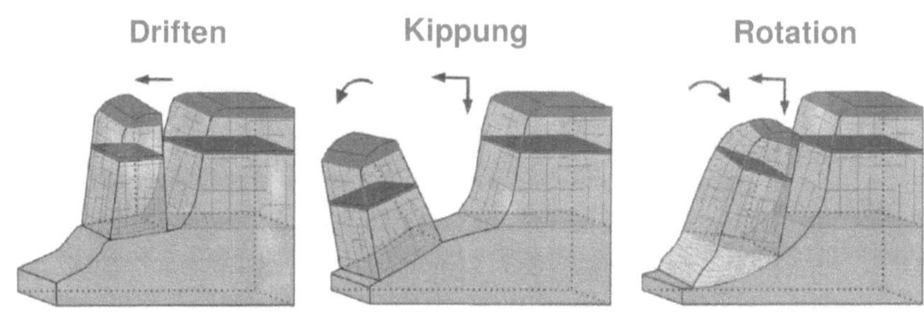

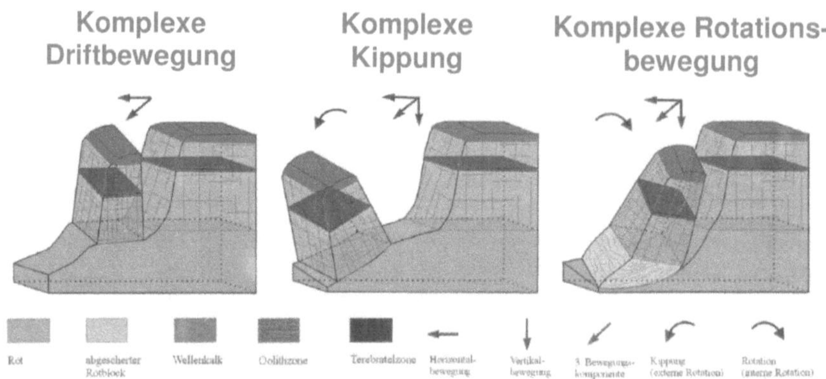

Quelle: BEYER 2002, S. 61; Beschriftung bearbeitet

7. Formenschatz an Schichtstufenhängen

Bei der Betrachtung des Formenschatzes der Massenverlagerungen wird rein deskriptiv von den Formen der Ablagerungen gesprochen. Es lassen sich einerseits die Formen der weitgehend im ursprünglichen Verband verlagerten Felskomplexe des stufenbildenden Gesteins in Form von so genannten Schollen, andererseits die Formen von verlagertem Lockermaterial, den Schuttformen, unterscheiden (SCHUNKE 1971, S. 48).

Zur Kategorie des im ursprünglichen Verband verlagerten Gesteinsmaterials gehören Spalten (Zerrspalten bzw. Abrissspalten), Absatzschollen, Mauerschollen, Wallschollen, Rückenschollen und Fußschollen. Zu Schuttformen zählen Fließzungen und Sturzverlagerungen (BEYER 2002, S. 62ff).

7.1. Spalten

Das Aufreißen von Spalten lässt sich als Vorlaufstadium von anschließenden Gleitungen und Felsstürzen interpretieren (SCHMIDT 1988, S. 349).

Sie stellen demnach das erste Anzeichen für ein initiales Einsetzen von blockartigen Massenbewegungen an Schichtstufen dar. Ihre Öffnungsweiten können dabei bis zu zwei Metern erreichen. Die Spaltentiefen können zehn Meter und mehr betragen. Die Spaltenbildung setzt in der Regel mehrere Meter hinter dem Stufenrand ein, in Ausnahmefällen sogar über 100 Meter hinter dem Trauf. Vielerorts überspannen Baumwurzeln die Spaltenöffnungen, zudem können sie zusätzlich mit Humus aufgefüllt sein, wodurch sie aus morphologischer Sicht unscheinbarer werden (BEYER 2002, S. 62).

Abb. 7.1:   Spaltenbildung – Schema und Foto

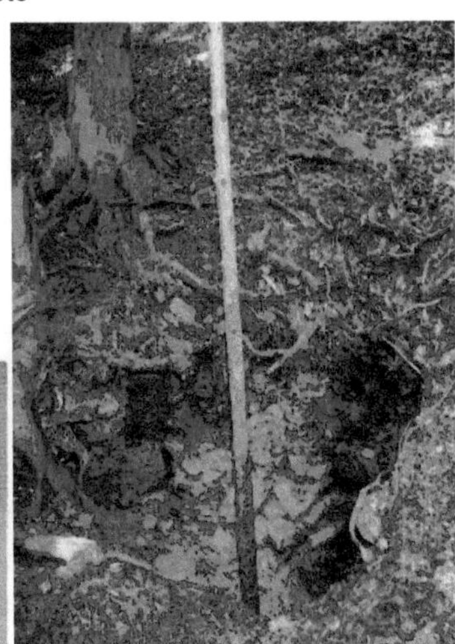

Quelle: BEYER 2002, S. 63

Foto: GRUND, N. 10.06.2006, am Windolskopf/ Bleicheröder Berge

7.2. Absatzschollen

Kommt es schließlich zu Einsinkprozessen der Schollen in das Stufensockelmaterial bilden sich sogenannte Absatzschollen (Treppenstufen). Die durch den Einsinkprozess entstehenden Vertikalversatzbeträge der verlagerten Schollen zur Abrisslinie können im Dezimeter-, als auch im Meterbereich liegen.

Bei der Gleitbewegung der Scholle kann es vorkommen, dass der Schollenfuß dem, noch an dem Stufenbildnermassiv angelehnten, oberen Bereich der Absatzscholle vorauseilt. Ist dies der Fall bilden sich sogenannte Spaltenhöhlen (BEYER / SCHMIDT 1999, S. 73). Beispiele für Spaltenhöhlen sind die Kammerlöcher bei Angelroda (Ohrdruffer Platte), die Eisgrube am eingefallenen Berg bei Themar und die Goetz-Höhle bei Meiningen (BEYER 2002, S. 64).

Abb. 7.2:   Absatzscholle – Schema und Foto

Quelle: BEYER 2002, S. 63
86

Quelle: BEYER / SCHMIDT 2003, S.

7.3. Mauerschollen

Neben Spalten und Absatzschollen können ebenso Mauerschollen am Oberhang der Schichtstufe angetroffen werden. Ein prägnantes Merkmal dieser Schollenform ist, dass sie durch Abrissschluchten vom Anstehenden getrennt werden. Die Tiefe solcher Abrissschluchten können an Schichtstufen im Leine-Weser-Bergland bis zu zehn Meter (SCHUNKE 1971, S. 48), im Thüringer Becken bis über 20 Meter betragen (BEYER 2002, S. 65).

Mauerschollen im Thüringer Becken weisen Horizontalversatzbeträge von durchschnittlich 20 Meter und Vertikalversatzbeträge von durchschnittlich fünf Meter in Bezug auf das Anstehende auf (BEYER / SCHMIDT 1999, S. 73).

Abb. 7.3:   Mauerscholle – Schema und Foto

Quelle: BEYER 2002, S. 63   Quelle: BEYER 2002, Anhang A,

Gebiet 261,

im Oberen Eichsfeld

7.4. Wallschollen und Rückenschollen

Mauerschollen entwickeln sich durch eine weitere hangabwärts gerichtete Verlagerung zu so genannten Wallschollen. Aufgrund der weiteren Verlagerung verlieren die Schollen an Formenschärfe (SCHUNKE 1971, S. 48), dass heißt, dass ihre Formungen abgerundeter und ausgeglichener werden, sie verlieren an Schroffheit. Ebenso sind hangwärtige „Gräben" ein charakteristisches Merkmal für Wallschollen.

Noch weiter talwärts treten schließlich Rückenschollen in Erscheinung. Hangwärtige „Gräben", wie sie bei Wallschollen anzutreffen sind, verflachen sich in hangwärtige Mulden (BEYER 2002, S. 66).

Wall- und Rückenschollen liegen oft dicht aufeinander folgend und mit einer staffelförmigen Anordnung am Stufenhang (SCHUNKE 1971, S 48).

Ausgehend von vegetationsarmen Mauerschollen nehmen Bodenbildungsprozesse und Vegetationsbedeckung des Hanges talwärts beständig zu (BEYER 2002, S. 66).

Abb. 7.4:   Wallscholle – Schema und Foto

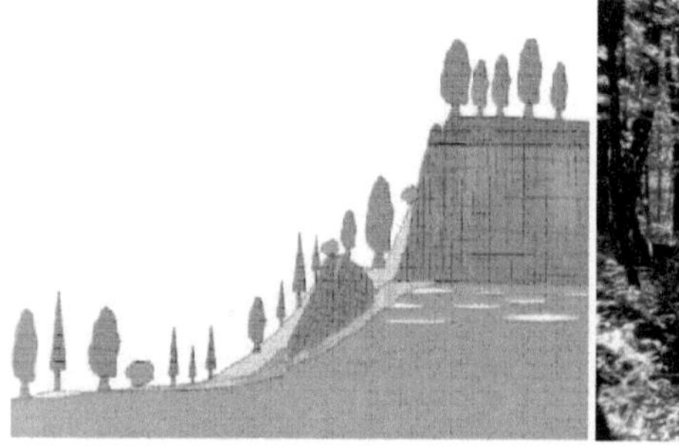

Quelle: BEYER 2002, S. 63
Bleicheröder Bergen

Foto: GRUND, N., 10.6.2006 in

Abb. 7.5: Rückenscholle – Schema und Foto

Quelle: BEYER 2002, S. 63
Gebiet 358 im Hainich

Quelle: BEYER 2002, Anhang A,

7.5. Fußschollen

Ihre Bezeichnung „bezieht sich auf ihre charakteristische Lage" am Fuß des Schichtstufenhangs. Sie bilden somit den Übergang zum flachen Gelände (ACKERMANN 1959, S. 212). Fußschollen sind demnach die am weitesten ins Tal verfrachteten Verlagerungskörper. An Schichtstufen im Thüringer Becken weisen sie mitunter über 300 Meter Horizontaldistanzen zu der Abrisswand auf (BEYER 2002, S. 66). Wegen der Lage am Hangfuß ist dieser Verlagerungstyp als der älteste aller bisher dargestellten Massenverlagerungsformen einzustufen (SCHUNKE 1971, S. 49f). Sie können als kleine Hügel oder durch terassenähnliche Oberflächengestalt ausgeprägt sein (ACKERMANN 1959, S. 212).

7.6. Sturzverlagerungen und „Sturzfließungen"

Voraussetzung für Prozesse der Sturzverlagerung ist die Existenz von exponierten und talwärts gekippten Mauerschollen (BEYER 2002, S. 66f). Kommt es zum Kippen und schließlich zum Abstürzen des oberen Teils einer Mauerscholle können am Unterhang der Schichtstufe Fließbewegungen im Stufensockel ausgelöst werden (BEYER / SCHMIDT 2003, S. 87). Grund für das Auslösen von Fließbewegungen im Stufensockelmaterial ist die Wucht des Aufpralls von Felsblöcken der abstürzenden Mauerscholle. Durch die Aufschläge von Festgestein kommt es zu Auspressungen des Stufensockelgesteins, welches sich „als Fließzunge, erdgletscherartig talwärts" schiebt. Die Ausprägung des Umfangs von einsetzenden Fließbewegungen ist von der Durchfeuchtung des Stufensockels abhängig (BEYER 2002, S 67). Sturzbewegungen hingegen bedingen sich allein durch gravitative Einflüsse an den Steilwänden der Schichtstufe (SCHMIDT 1988, S. 342).

Die Kombination aus Sturz- und Fließbewegung wird nach ACKERMANN als „Sturzfließung" ausgedrückt (BEYER / SCHMIDT 2003, S. 87).

Abb. 7.6:   Sturz („Sturzfließung") – Schema und Foto

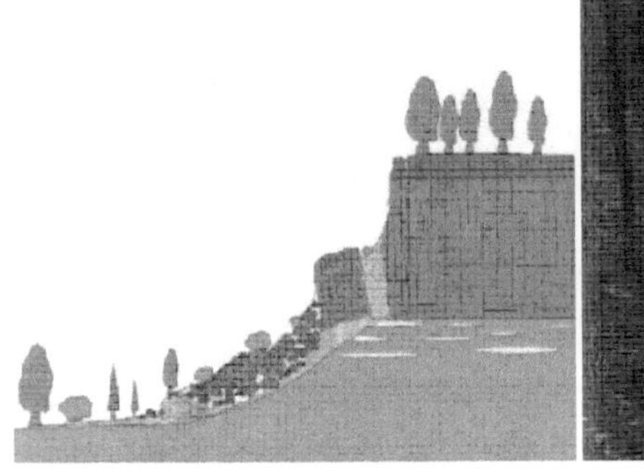

Quelle: BEYER 2002, S. 63   Quelle: BEYER 2002, Anhang A,
Gebiet 528 im Gobert

8. Steuerungsfaktoren von Massenverlagerungen an Schichtstufenhängen

Die Voraussetzungen für Massenverlagerungen an Hangsystemen von Schichtstufen sind in der Regel sehr komplexer Natur. Hierbei spielen, wie schon oben erwähnt, geologische, geomorphologische, hydrologische und öfter auch anthropogene Faktoren eine Rolle. Dabei kann in auslösende Faktoren und intern dispositive Faktoren unterschieden werden. Unter internen dispositiven Faktoren werden massenverlagerungsvorbereitende Faktoren verstanden. Sie stellen also nicht die direkten Auslöser für Massenbewegungen dar. Vielmehr zeichnet sie der Einfluss, welchen sie auf die Kräfteverhältnisse am Hang ausüben, aus.

Nach SCHMIDT (1988) zählen die lithologisch-strukturellen Eigenschaften des Stufenbildners und des Stufensockels, die Mächtigkeit des Stufenbildners und des Stufensockels, sowie die Mächtigkeitsrelation von Stufenbildner und Stufensockelgestein zu den intern dispositiven Steuerungsfaktoren. Desweiteren rechnet SCHMIDT die Schichtneigung und die Neigungsrichtung, die Lage zum Gewässernetz, die Lage zur Erosionsbasis, die Lage im Stufengrundriss und die Exposition der Schichtstufe zu den dispositiven Steuerungsfaktoren für Massenverlagerungen an Schichtstufenhängen (SCHMIDT 1988, S. 75f).

Den kurzzeitig wirkenden Faktoren ist, abgesehen von anthropogenen Aktivitäten, vor allem der Niederschlag, insbesondere in Form von Starkniederschlägen oder intensiven, lang anhaltenden Niederschlägen, zuzuordnen (BEYER 2002, S. 4).

Von diesen genannten Faktoren haben nach Untersuchungen von SCHUNKE 1971, SCHMIDT 1988, SCHMIDT / BEYER 1999 und BEYER 2002 einige Faktoren einen sehr signifikanten Einfluss, andere wiederum besitzen nur einen geringen oder gar keinen Einfluss auf die Anfälligkeit und Häufigkeit von Massenverlagerungsprozessen an Hängen von Schichtstufen.

8.1. Lithologische Eigenschaften der Schichtstufe

Generell sind Massenverlagerungen von der geologischen Struktur eines Gebietes abhängig. Massenverlagerungen an Schichtstufenhängen sind hierbei primär an die Wechsellagerung von wasserwegsamen und wasserstauenden Schichtpaketen gebunden (TERHORST 1999, S. 185).

Klüftige, das heißt gut wasserwegsame Gesteinsschichten, sind in der Regel aus Kalksteinen oder Sandsteinen aufgebaut. Sie formen den Stufenbildner und stellen das „harte", verwitterungsresistentere Gestein dar. Diese liegen dem „weichen" Gestein (Tone, Mergel) auf. Charakteristisch für Mergel und Tone ist deren gute Deformierbarkeit. Zudem sind sie abtragungsanfälliger, wasserstauend (BEYER 2002, S. 5 und S. 132) und bei Durchfeuchtung anfällig für Aufquellung und eine plastifizierende Wirkung. Diese Charakteristiken von Stufensockelgesteinen bilden wegen ihrer Eigenschaften die Grundlage und Voraussetzung für Fließ- und Gleitbewegungen von Gesteinsmaterial am Hang.

Durch beigemengte Sande werden jedoch Quellfähigkeit und Plastizität der Tone herabgesetzt. Das heißt im Umkehrschluss, dass in Tone bzw. Mergel beigemengte Kalk- und/oder Sandsteine einen stabilisierenden Einfluss auf die Gesteinsstruktur und somit auf die Hangstabilität haben (SCHUNKE 1971, S. 68).

8.2. Niederschlag

Zwischen der Häufigkeit von Massenverlagerungsauftreten und der mittleren Niederschlagshöhe existiert eine sehr hohe Korrelation. Je höher die mittlere Niederschlagshöhe in einem Gebiet ausfällt, umso deutlicher steigt der prozentuale Anteil der von Massenverlagerungen betroffenen Stufenhängen.

Schichtstufenhangabschnitte, welche keine Massenverlagerungen verzeichnen, nehmen bei steigenden Niederschlagswerten kontinuierlich ab.

Massenverlagerungen treten ab einem durchschnittlichen Jahresniederschlag von 500 – 600 mm auf. Deren Ausprägung ist bei 500 – 600 mm mittleren Jahresniederschlag jedoch noch sehr gering (BEYER 2002, S. 192f).

Je höher die mittleren Niederschlagsraten ausfallen, desto häufiger treten Massenverlagerungen in Erscheinung (BEYER 2002, S. 193) und umso intensiver und ausgeprägter werden die Versatzgeschwindigkeiten bei Blockbewegungen. Die Niederschlagshöhe ist demnach auch maßgeblich an der Bewegungsdynamik von Massenverlagerungen beteiligt (JOHNSEN / SCHMIDT 2000, S. 94).

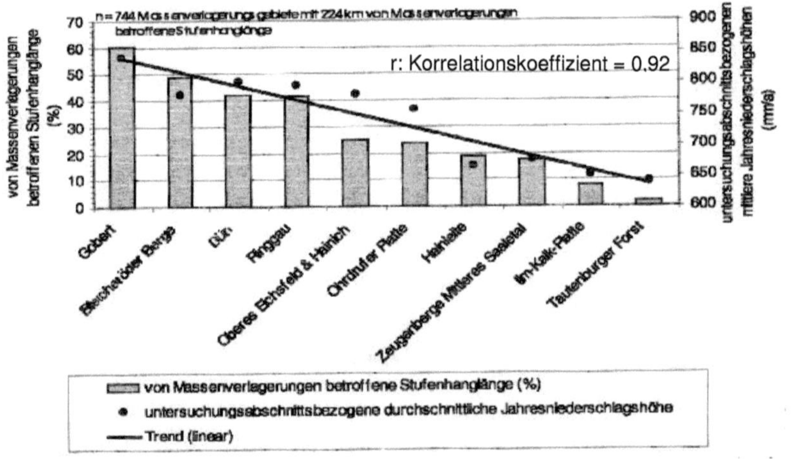

Quelle: BEYER 2002, S. 197 (Grafik geringfügig bearbeitet)

Ursache für die wesentliche Beeinflussung der Niederschlagshöhe auf Massenverlagerungsprozesse sind die mit dem Niederschlagsumfang verbundene unterschiedlich starke Durchfeuchtung der unteren Hangpartien, welche wiederum eine unterschiedlich umfassende Gefügeauflockerung, Plastifizierung und Quellung des tonigen (mergeligen) Stufensockelgesteins nach sich zieht. Zudem sind die Grundwasserströmungsdrücke nicht zu vernachlässigen, deren Umfang ebenso von der Intensität des Niederschlages abhängen, und welche eng an die Klüftigkeit und Porenausbildung im Gestein gebunden sind.

Durch die Quellung des Stufensockelmaterials kommt es verstärkt zu einer Verminderung der Kohäsion und aufgrund dessen zu einer höheren Anfälligkeit für Einsink- und Gleitprozesse des darüber liegenden stufenbildenden Gesteins, was sich begünstigend auf Massenverlagerungsprozesse und Hanginstabilitäten auswirkt.

Zudem beeinflussen unterschiedliche mittlere Niederschlagshöhen die Häufigkeiten von Fließgewässern und Quellen im Bereich von Schichtstufenhängen (BEYER 2002, S. 198f).

8.3. Morphometrische Lage zur Erosionsbasis

Die morphometrische Lage zur Erosionsbasis ist durch das Verhältnis von Vertikaldistanz (dV) & Horizontalentfernung (dH) zwischen dem 4°-Fußpunkt und der Abrisswand (dV ÷ dH).erklärt und entspricht dem Anstiegsverhältnis des Hanges (BEYER / SCHMIDT 1999, S. 79).

Die wichtigsten Anstiegsverhältnisse sind dabei der Anstiegswinkel 4°-Fußpunkt zur Schichtgrenze Stufen/Sockelbildner, der Anstiegswinkel vom 4°-Fußpunkt zum Top des Stufenhanges und der Anstiegswinkel von der Schichtgrenze Sockelbildner/ Stufenbildner zum Top des Schichtstufenhanges.

Die berechneten Werte können in Anstiegswinkel umgerechnet werden und geben Aufschluss über Anstiegsverhältnisse von Stufenhängen und Ausprägungen von Massenverlagerungsprozessen (BEYER 2002, S. 155). Dabei haben die Oberhänge im Durchschnitt die höchsten Anstiegsverhältnisse. Unterhänge weisen hingegen normalerweise die geringsten Anstiegsverhältnisse auf und sind somit flacher ausgeprägt (BEYER 2002, S. 157). Flache Hangböschungen, also geringe Anstiegsverhältnisse, bedingen das Fehlen von Massenverlagerungen, dass heißt, dass an flacheren Hangpartien gegenwärtig Massenverlagerungen kaum stattfinden. (SCHUNKE 1971, S. 29).

Ein höherer Anstiegswinkel an einem Hangsystem wirkt sich negativ auf die Stabilität des Hanges aus, da höhere Anstiegsverhältnisse zu einer höheren Scherspannung und zu einer Abnahme der Scherfestigkeit des Hanggesteins führen (BEYER / SCHMIDT 1999, S. 79). Ursache für Hangversteilungen sind vor allem fluvial-erosive Prozesse am Unterhang (Abtragung, Einschneidung durch Fließgewässer).

Mit einem Aussetzen eines Versteilungsprozesses stabilisieren sich die Hänge wieder, da erstens der Schichtstufenfußpunkt festliegt und nicht weiter in Richtung Hang zurückverlegt wird, dass heißt, eine weitere Versteilung setzt aus. Zweitens wird durch Schollengleitungen im Abrissgebiet der Oberhang abgeflacht, sodass dieser unanfälliger für weitere Massenverlagerungen wird (BEYER 2002, S. 160ff).

Festzuhalten ist jedoch, dass ebenso sehr steile Hangsysteme ohne Massenverlagerungen auftreten. Daraus ist erkenntlich, dass sich höhere Hanganstiegsverhältnisse zwar positiv auf Massenverlagerungsprozesse auswirken und typisch für jene sind, Massenbewegungen aber nicht allein von der Steilheit eines Hangsystems abhängig gemacht werden können (BEYER 2002, S. 167).

Abb. 8.2:   Ermittlung morphometrischer Parameter an Schichtstufenhängen

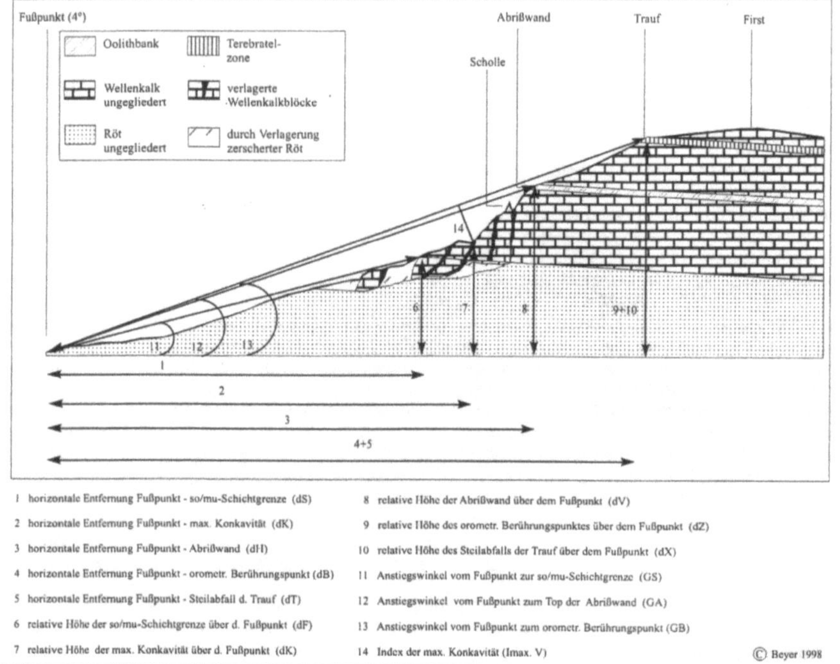

Quelle: BEYER / SCHMIDT 1999, S. 78

8.4. Die Lage im Stufengrundriss

Der Stufengrundriss ist das Ergebnis der Zerschneidung der Stufenhänge einer Schichtstufe in Buchten und Vorsprünge. Zudem können gestreckte Hangabschnitte vorkommen.

In Bezug auf die Zergliederung des Stufenhanges lassen sich demnach folgende vier Grundrisspositionen unterscheiden: gestreckter Abschnitt, Bucht, Vorsprung (Flanke) und Vorsprung (Stirn) (BEYER 2002, S. 37 und S. 168).

Morphometrisch lässt sich ein Buchtungsindex berechnen. „Dieser beschreibt zwischen zwei definierten Punkten das Verhältnis von ‚wahrer' Stufenlänge, gemessen am Verlauf der Trauf, zur Luftliniendistanz und wird in einer Verhältniszahl ausgedrückt." Je nach Form des Schichtstufengrundriss ergeben sich Werte größer Eins.

Je höher der errechnete Wert ausfällt, das heißt je größer das Verhältnis von wahrer Stufengrundrisslänge pro Kilometer Luftdistanz zwischen zwei Punkten des Hanges ausfällt, desto umfangreicher ist die Buchtung (BEYER / SCHMIDT 1999, S. 80).

Abb. 8.3:   Grundriss der Wellenkalk-Schichtstufe

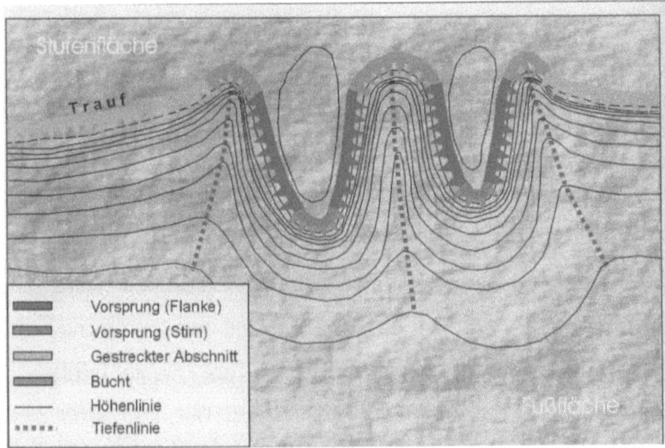

Quelle: BEYER 2002, S. 82

Abb. 8.4:   Die Ermittlung des Buchtungsindex an kompakten Stufenhängen und an Zeugenbergen

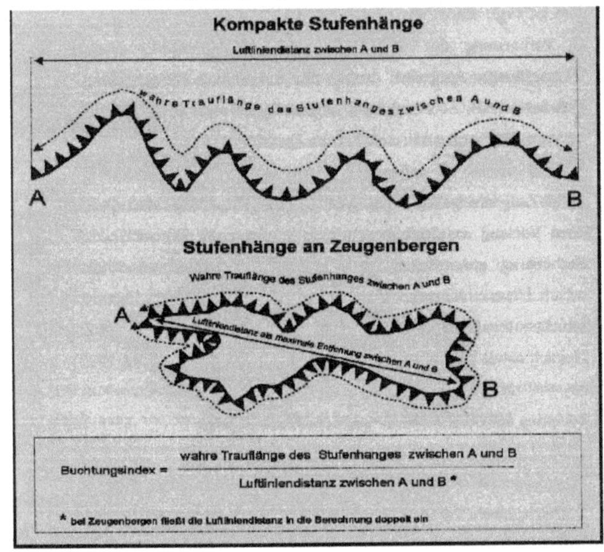

Quelle: BEYER 2002, S. 38

Wie aus Untersuchungen von BEYER 2002 an den randlichen Höhenzügen des Thüringer Beckens hervorgeht, erfolgt

1. mit steigendem Buchtungsindexwerten tendenziell eine Zunahme von Massenverlagerungsaktivitäten, sind

2. vor allem Stufenvorsprünge von Massenverlagerungen betroffen (BEYER 2002, Abb. S. 168 und S. 171).

Stufenvorsprünge können somit als Gunstposition für Massenbewegungen betrachtet werden (SCHMIDT 1988, S. 353). Dass bevorzugt Stufenvorsprünge und deren Flanken- und Stirnbereiche anfällig für Massenverlagerungsprozesse sind ergibt sich aus deren spezifischen Lage im unmittelbaren Einflussbereich von perennierenden oder episodisch wasserführenden Fließgewässern. Aufgrund dessen kommt es durch Seitenerosion zu einer Versteilung des Hanges, welche aus der Abtragung von Stufensockelmaterial und der Verlagerung des Fußpunktes der Schichtstufe in Richtung Hang resultiert. Die Versteilung wiederum wirkt sich begünstigend auf Massenverlagerungstätigkeiten aus, da die Scherfestigkeit des Hanggesteins mit einer zunehmenden Versteilung abnimmt.

Das Buchten kaum anfällig für Massenverlagerungsprozesse sind lässt sich mit den geringeren Hangneigungen erklären. Aufgrund der flacheren Anstiegsverhältnisse bleiben sie gegenüber Aktivitäten von Massenverlagerungen stabil (BEYER 2002, S.169f).

Als Fazit lässt sich sagen, dass die Massenverlagerungshäufigkeit mit steigender Buchtung tendenziell zunimmt. Somit stellt die Lage im Stufengrundriss eine wichtige Größe für die Erklärung von Massenverlagerungsauftreten an Schichtstufenhängen dar. Jedoch können Quantität und Ausmaß von Massenverlagerungsprozessen an Stufenhängen nicht allein durch den Stufengrundriss erklärt werden, da ebenso zahlreiche Stufenhangvorsprünge ohne Massenverlagerungen auftreten, z. B. in der Hainleite und Ilm-Kalk-Platte (BEYER 2002, S. 172).

8.5. Lage zum Gewässernetz und Häufigkeit von Hangquellen

In Bezug auf die Lage zum Gewässernetz existiert ein hochsignifikanter Zusammenhang zwischen der Dichte des Gewässernetzes und der von Massenverlagerungen betroffenen Stufenhängen (BEYER 2002, S. 182).

Das heißt, dass Massenverlagerungen bevorzugt dort auftreten, „wo auch perennierende Flüsse die betroffenen Stufenhänge tangieren" (BEYER 2002, S. 181).

Abb. 8.5: *Vergleich der von Massenverlagerungen betroffenen Stufenhanglängen an Schichtstufen im Thüringer Becken mit der Dichte der Fließgewässer, ausgedrückt als Dichteindex*

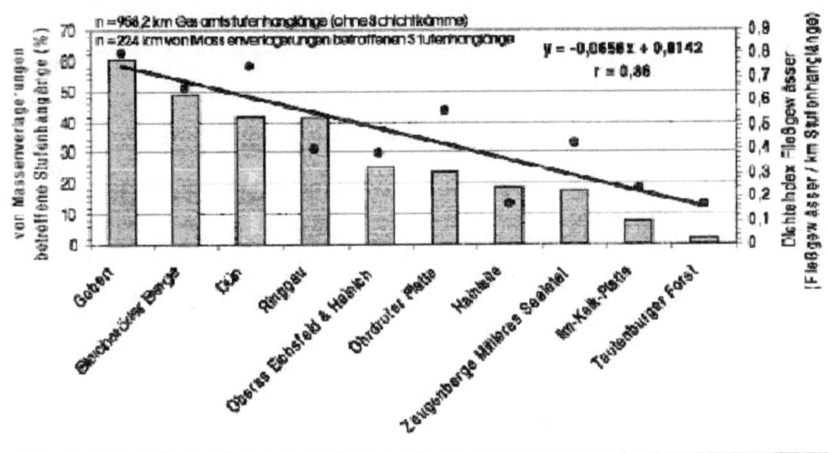

Quelle: BEYER 2002, S. 181

Die Erklärung für diese Erkenntnis lässt sich mit der fluvial-erosiven Hangunterschneidung begründen. Aus dem Einschneiden der Gewässer in das Untergrundgestein und der Erosion des Hanggesteins resultiert eine zunehmende Stufenhangversteilung. Dieser Umstand fördert Prozesse von Massenverlagerungen. Inwieweit Stufenhangabschnitte durch Fließgewässer morphologisch bearbeitet werden können hängt von der Anzahl und der Ausprägung von Fließgewässern in einem Gebiet ab. Dort, wo mehr Fließgewässer das Landschaftsbild prägen, können vermehrt fluvial-erosive Hangunterschneidungen auftreten, als wie in Regionen mit weniger Fließgewässern bzw. Fließgewässerarmut. Der Einflussbereich der Fließgewässer befindet sich dabei bevorzugt an den Vorsprüngen der Schichtstufen, insbesondere werden hier die Flankenbereiche der Vorsprünge von Fließgewässern tangiert, weswegen vor allem an diesen sehr ausgeprägte Hangversteilungen einsetzen. Hieraus wird ersichtlich, weshalb die Flanken der Stufenvorsprünge im Vergleich zu anderen Stufenhangabschnitten prozentual am meisten von Massenverlagerungen betroffen sind (vgl. 8.4.).

Ohne Fließgewässer fehlt ein erosiver Versteilungsimpuls der Hänge. Das Ergebnis ist, dass die Stufenhänge in ihrer Struktur stabiler bleiben und die Wahrscheinlichkeit von Massenverlagerungsaktivitäten deutlich geringer ausfällt.

Zusammenfassend lässt sich festhalten, dass der Faktor Lage zum Gewässernetz die räumliche Variabilität von Massenverlagerungsgebieten stark beeinflusst. Nimmt die Gewässernetzdichte an Stufenhangbereichen in einem Gebiet zu, so erhöht sich dort ebenso die Anzahl der von Massenverlagerungen betroffenen Stufenhänge (BEYER 2002, S. 182ff).

Die unterschiedliche Häufigkeit in Bezug auf das Auftreten von Hangquellen in Schichtstufenlandschaften lässt sich als ein Indikator der unterschiedlichen Durchfeuchtung der Stufenhänge sehen.

Die Quellhäufigkeit wird als Dichteindex (Dichte der Quellen) ausgedrückt und berechnet sich aus dem Verhältnis von Quellenanzahl pro Kilometer Stufenhanglänge. Mit einer zunehmenden Quelldichte nehmen die von Massenverlagerungen betroffenen Stufenhänge zu. Dabei existiert ein höchst signifikanter Zusammenhang. Ursache hierfür sind hohe Niederschläge und dadurch bedingt eine starke Durchfeuchtung der Stufenhänge. Das wiederum wirkt sich auf die Stabilität des Stufensockelgesteins aus, die Scherfestigkeit verringert sich, Massenverlagerungen werden begünstigt.

Hangquellen speisen zudem die Fließgewässer vor den Schichtstufenhängen, die, wie oben beschrieben, ebenso Massenverlagerungsprozesse aktiv und hinlänglich beeinflussen.

Nehmen die Niederschlagsraten ab verringern sich die an Stufenhängen austretenden Quellen. Gleichzeitig geht die Massenverlagerungsbeeinflussung zurück. Das Auftreten von Quellen ist also stark von der Höhe und Verteilung des Niederschlages abhängig (BEYER 2002, S. 186ff).

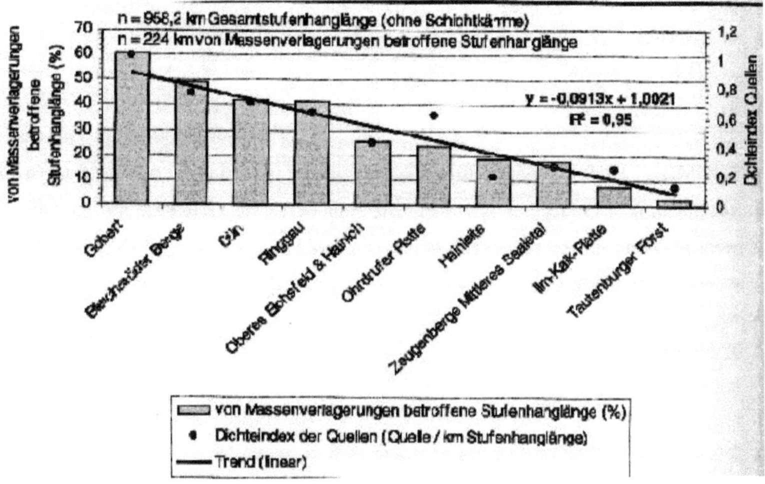

Quelle: BEYER 2002, S. 188

8.6. Faktoren ohne Einfluss

Die dispositiven Faktoren Mächtigkeit des Sockelgesteins, Mächtigkeit des Sockebildners und deren Mächtigkeitsrelation sind nicht an der Steuerung von Massenverlagerungsprozessen beteiligt (SCHMIDT 1988, S. 350). Als weitere dispositive Größen, welche keinen Einfluss auf Massenverlagerungen an Schichtstufenhängen haben, lassen sich Exposition und die Neigungsrichtung des Stufenhanges aufzählen (SCHMIDT 1988, S. 352).

Die Schichtneigung ist ebenso ein zu vernachlässigender Faktor, sofern die Schichtneigung geringer als 12° ausfällt. Aufgrund der steileren Lagerung der Gesteinsschichten ab 12° nimmt „die grundwasserbedingte Formung und Durchfeuchtung der Stufen- bzw. Stirnhänge ab" (BEYER 2002, S. 144). Dies bewirkt einen schnelleren Abfluss des Wassers und zieht somit eine Wasser- bzw. Quellenarmut an Schichtkämmen nach sich. Da das Wasserangebot ein wesentliches Merkmal im Zusammenhang mit Massenverlagerungen ist und sich dieses mit größeren Schichtneigungen verringert, sind Schichtkämme in Bezug auf

Massenverlagerungsaktivitäten sehr stabil und kaum anfällig (BEYER 2002, S. 144 und S. 147).

Ebenso sind Subrosionserscheinungen im Stufensockelgestein ohne Auswirkungen auf Massenverlagerungen (BEYER 2002, S. 219). Subrosion definiert einen Auslaugungs- und Ausspülungsprozess durch Sickerwasser (LESER 2001, S. 852), zum Beispiel die Ablaugung von Gipslagen in Schichtstufen-Sockelhängen im Thüringer Becken. Dieser Vorgang führt im Stufensockelgestein zu einem Massendefizit, woraus Senkungserscheinungen und Nachsackungen der darüberliegenden Gesteinsschichten resultieren. Erdfallerscheinungen und atektonische Schichtdeformation können das Ergebnis sein (BEYER 2002, S. 151).

Jedoch stellt Gipsauslaugung keine Größe mit einem generellen Einfluss auf Massenverlagerungen dar. Es gibt Schichtstufen ohne Massenverlagerungen in deren Stufensockel Gipsauslaugungen aber gegenwärtig sind. Ebenso lassen sich Schichtstufen ohne Subrosionserscheinungen, aber mit Massenverlagerungen finden (SCHUNKE 1971, S. 71).

Ohne Einfluss auf Massenverlagerungen ist auch die Quellerosion (SCHUNKE 1971, S. 69; BEYER / SCHMIDT 1999, S. 80).

9. Gefährdungspotential durch Massenverlagerungen an Schichtstufenhängen

Generell sind Sturzfließungen für den Menschen und seine Umwelt, aufgrund der sehr schnellen Umlagerung großer Gesteinsmassen (> 200.000m³), die gefährlichste Massenverlagerungsform. Morphologische Ausgangsform von Sturzfließungen sind die Mauerschollen.

Die Fahrbahnlänge einer Sturzfließung kann 300m und mehr betragen. Die Länge wird dabei durch die Faktoren Hangneigung, Wassergehalt, Materialkonsistenz, Rollgeschwindigkeit und Rauhigkeit des Materials, sowie der Fallhöhe gesteuert.

Infrastruktureinrichtungen und Waldflächen im Gefährdungsbereich von potentiellen Sturzfließungen können bei einem Einsetzen einer Sturzfließung teilweise oder komplett zerstört werden. Strommastanlagen unterhalb von Mauerschollen würden beispielsweise im Zuge einer Sturzfließung beschädigt oder gar umgerissen werden, Verkehrsstraßen, Wanderhütten und ähnliche Infrastruktureinrichtungen wären einer Zerstörung und/oder Verschüttung ebenso ausgesetzt.

Da Sturzfließungen vor allem von der Intensität der Niederschläge abhängen, sind vor allem solche Gebiete mit sehr hohen mittleren Jahresniederschlägen (>800mm/a) bzw. mit hohen lang anhaltenden oder hohen kurzzeitigen Niederschlägen sturzfließungsgefährdet (BEYER 2002, S. 212ff).

Abb. 9.1: *Gefährdete Objekte im Thüringer Becken im Vorland von*
Mauerschollen im Falle einer Sturzfließung

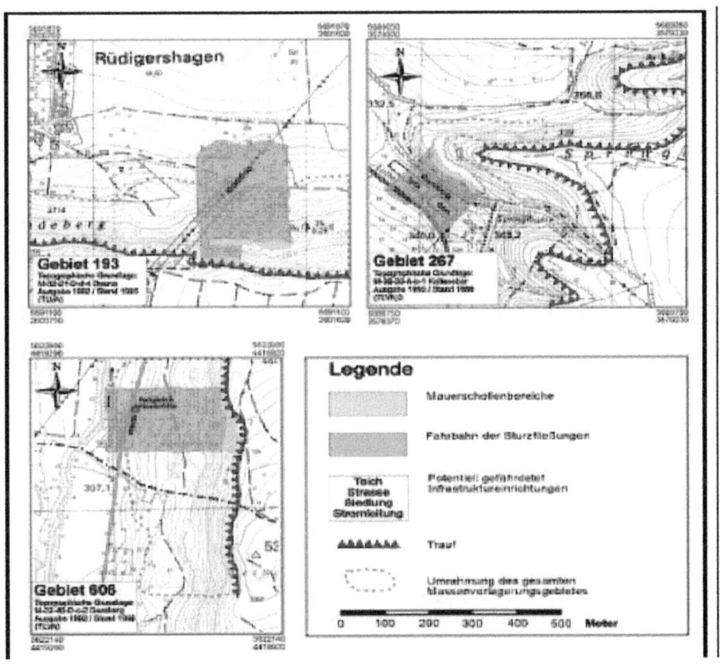

Quelle: BEYER 2002, S. 216

Massenverlagerungaktivitäten können durch anthropogene Eingriffe begünstigt werden. Darunter fallen der der Ausbau der Infrastruktur mit dem Straßen-, Wege- und Gebäudebau, die durch den Verkehr verursachten Erschütterungen des Untergrundes, die Forst- und Landwirtschaft, sowie Tagebauaktivitäten. In erdbebengefährdeten Gebieten können Erdbebenerschütterungen Massenverlagerungen beeinflussen (TERHORST 1999, S. 190).

Jedoch sollten neben Mauerschollengebieten auch andere, von Massenverlagerungen betroffene Stufenhangabschnitte bei der Planung von Bau-

und Erschließungsmaßnahmen am Stufenhang in ihrer Entwicklung beobachtet und bewertet werden, da Blockbewegungen als Ausdruck des Schollenversatzes als vorbereitendes Stadium für Sturzfließungen und andere Hangrutschungen gelten (JOHNSEN / SCHMIDT 2000, S. 93f).

10. Zusammenfassung und Ausblick

Massenverlagerungen an Schichtstufenhängen sind in ihren Ausprägungen und Formen sehr komplex. Sie werden durch zahlreiche Faktoren beeinflusst, welche eng miteinander und untereinander in Beziehung stehen. Massenverlagerungsfördernde Faktoren sind dabei die Gesteinslagerung, die Niederschlagshöhe und Niederschlagsverteilung im Jahr, die Lage zum Stufengrundriss und die Lage zur Erosionsbasis, das Gewässernetz und die Häufigkeit von Hangquellen am Schichtstufenhang. Zudem werden Massenverlagerungen häufig durch anthropogene Eingriffe in den Landschaftshaushalt begünstigt.

Das höchste Gefährdungspotential für umliegende Gebiete, Menschen und dessen Infrastruktur im Bereich von Schichtstufen mit Massenverlagerungsprozessen stellen Mauerschollen dar, woraus sich, durch Starkniederschläge hervorgerufen, Steinstürze und sogenannte Sturzfließungen entwickeln können. Entsprechend müssen Gebiete, vor allem im Bereich von Mauerschollenvorkommen, bei Planungsvorhaben beachtet und berücksichtigt werden. Eine Bebauung von Bereichen unterhalb von Mauerschollengebieten sollte generell ausgeschlossen werden. Dabei sollte eine Distanz zu den Mauerschollengebieten von mindestens 400 Meter eingehalten werden, um eine Tangierung von Infrastruktureinrichtungen mit einer möglichen Sturzfließung auszuschließen.

Um auch andere Schäden durch Massenverlagerungsprozesse an Stufenhängen zukünftig gering zu halten ist es notwendig einen fortschreitenden Infrastrukturausbau an Schichtstufenhängen zu unterbinden.

11. Literaturverzeichnis

ACKERMANN, E. (1959): Der Abtragungsmechanismus an der Wellenkalk-Schichtstufe. Bewegungsarten der Massenverlagerungen und morphologische Formen. Z. f. Geomorph. N.F., Bd. 3, 193 – 226.

BEYER, I. (2002): Verbreitung und Eigenschaften von Massenverlagerungsgebieten an der Wellenkalk-Schichtstufe im Thüringer Becken unter besonderer Berücksichtigung geomorphologischer und klimatologischer Steuerungsfaktoren. Dissertation Univ. Halle, Math.-Naturwiss.-Techn. Fakultät.

BEYER, I & SCHMIDT, K.-H. (1999): Untersuchungen zur Verbreitung von Massenverlagerungen an der Wellenkalk-Schichtstufe im Raum nördlich von Rudolstadt (Thüringer Becken). In: Hallesches Jahrb. Geowiss. R.A, Bd. 21, S. 67 - 82.

BEYER, I. / SCHMIDT, K.-H. (2003): Schichtstufenlandschaften. In: INSTITUT FÜR LÄNDERKUNDE [Hrsg.]: Nationalatlas Bundesrepublik Deutschland. Relief, Boden und Wasser. Leipzig, S. 84 – 87.

BLUME, H. (1987): Probleme der Schichtstufenlandschaft. 2. Auflage. Darmstadt.

JOHNSEN, G. / SCHMIDT, K.-H. (2000): Measurement of block displacement velocities on the Wellenkalk-scarp in Thuringia. In: Z. f. Geomorph., Suppl.-Bd. 123, S. 93 – 110.

KUGLER, H. & SCHAUB, D. (2002): Allgemeine Geomorphologie. In: HENDL, M. / LIEDTKE, H. [Hrsg.]: Lehrbuch der Allgemeinen Physischen Geographie. 3. Auflage. Gotha.

LESER, H. [Hrsg.] (2001): Wörterbuch Allgemeine Geographie. 12. Auflage. Braunschweig, München.

SCHMIDT, K.-H. (1988): Die Wellenkalk-Schichtstufe in Nordhessen. In: Ber. Z. dt. Landeskunde. Bd. 62, S. 337 – 355. Trier.

SCHUNKE, E. (1971): Die Massenverlagerungen an den Schichtstufen und Schichtkämmen des Leine-Weser-Berglandes. In: Nachr. Akad. Wiss. Göttingen, 2. Math.-Phys. Kl., Nr. 3, S. 47 – 77.

TERHORST, B. (1997): Formenschatz, Alter und Ursachenkomplexe von Massenverlagerungen an der schwäbischen Juraschichtstufe unter besonderer Berücksichtigung von Boden- und Deckschichtenentwicklung. Tübinger Geowissenschaftliche Arbeiten (TGA), Reihe D, Nr. 2, S. 1 – 212.

WISSENSCHAFTLICHER RAT DER DER DUDENREDAKTION [Hrsg.] (1997): Der Duden. Das Fremdwörterbuch. 6. Auflage. Mannheim, Wien, Zürich.